Solar PV Water Treatment:

Hvordan Solar Power UV Vann Sterilisering Systems for Drikkevann Stedet

Christopher Kinkaid

Published by Solardyne, LLC
Portland, Oregon

ISBN-13: 978-1500527426
ISBN-10: 1500527424

Innholdsfortegnelse

Forord

Sterilisering vann er en stor jobb. Solar elektrisk (PV) drevet UV vann klaver er en effektiv måte å sterilisere vannet ditt fra lokale forurensede kilder, selv brakkvann, med sikkerhet, pålitelighet, og ingen drivstoff-kostnader. Vann finnes i naturen er full av patogener som kan forårsake sykdom og sykdom. Ultrafiolett (UV) klaver dreper 99,99% av alle farlige patogener og gjengir din vann drikkevann og trygt å drikke.

Behovet for vannbehandling vanligvis skjer langt borte fra en stikkontakt. Avsidesliggende områder og steder, samt anledninger av naturlige eller menneskeskapt katastrofe, ofte trenger vann behandling på stedet, men mangler utstyr og strømforsyning til å drive vannet sterilisering utstyr på stedet.

Solar PV drevet UV vann sterilisator systemer tilbyr komplette løsninger for fjern stedet vannbehandling og sterilisering. Dette Bok fokuserer på UV vannbehandling fra 4 liter per minutt til 43 000 liter per dag - alle solcelledrevne. Inkludert er spesifikke Solar Power Supply eksempler, med Medlevert Lister, å drive disse UV vann sterilisering systemer på fjernkontrollen og off-grid plassering.

Merk: Solar powered UV-anlegg som er oppført er for bra, eller overflatekilder vann som er brakkvann, og / eller forurenset. I tilfellet med saltvann kilder til vann, og deretter avsaltning utstyr er nødvendig før UV-behandlingsfasen.

Om Boken

Dette Bok er skrevet som en steg-for-steg guide til å definere din solenergi vannbehandling prosjektet "vitale statistikk", og velge riktig utstyr for å få jobben gjort. Hvis du har en bestemt solcelledrevet UV Vann Sterilisering prosjekt i tankene, og deretter besøke Solar PV Powered System Eksempler List plassert på Hurtig i kapittel åtte.

Merk: Solar powered UV-anlegg som er oppført er for bra, eller overflatekilder vann som er brakkvann, og / eller forurenset. I tilfellet med saltvann kilder til vann, og deretter avsaltning utstyr er nødvendig før UV-behandlingsfasen.

The **Quick Guide** inneholder klikkbare lenker som tar deg til en bestemt UV Water Sterilisering System Total daglig vannproduksjon, og Solar PV strømforsyning nødvendig for drift. UV Vann systemer er definert av Flow-priser, og leverte liter per dag. Solar PV strømforsyning eksempler er definert av liter per dag av drikkevann levert. Hvis du sourcing vannet ditt fra en saltvannskilde, så du trenger en omvendt osmose (RO) System før UV vann sterilisator se **kapittel 8**. Kapitlene 4-7 avtale med "Fresh" vannkilder som dammer, bekker, innsjøer og bekker (brakkvann, eller forurensede), kapittel 8 fokuserer på Salt vannkilder.

De UV Renseanlegg oppført i eksemplene er basert på ulike Flow-priser. Det er fire UV sterilisator systemer, inkludert 4, 8, 12, 30 liter per minutt. Hvert system vil ha flere Solar Power Systems definert som kraft UV-systemet for 4, 8, 12, og 24 timer per dag, henholdsvis. Velg din Soldrevne UV vannbehandling system basert på ønsket vannmengde, og hvor mange liter per dag du trenger å sterilisere å passe best din vannbehandling prosjektet. De inkluderte eksempler varierer fra 240 GPD til 43, 200 liter per dag - alt uten kjemikalier eller drivstoff-kostnader.

I **kapittel 2** skisserer prosessen trinn for trinn for å definere din UV Water Treatment system for ditt eget system design, eller å snakke med en ekstern leverandør. Bruk denne prosessen for å bestemme "vitale statistikk" av systemet ditt, og størrelse ditt UV System og Solar PV strømforsyning lett.

Kapittel 3 drøfter bruken av Solar Power Supplies, og hvordan de oppførte eksempler er konfigurert i denne eBook.

Kapitlene 4 til 7 beskrive UV Water Treatment Systems og den tilsvarende solar PV strømforsyning til å levere et bestemt volum av drikkevann, klar og trygt å drikke. System eksempler inkluderer Solar PV Strømforsyning delelister som beskriver de bestemte solar PV paneler, og elektriske komponenter du vil bruke til å betjene UV for høyest produktivitet.

Kapittel 8 drøfter UV Water Treatment Systems for Salt vannkilder, med Solar Power forsyninger. Solar

PV systemer er definert av total kraft og energi de kan levere til din last. I alle tilfeller solar PV paneler vil belaste en batteribank for å gi kraft og energi for UV helst dag, eller natt.

Dette Bok "Solar Powered UV Water Treatment" ble skrevet for å være en ressurs for planlegging og gjennomføring av en Solar elektrisk (PV) drevet UV Vann Sterilisering system for å levere drikkevann, ren, og trygt vann på eksterne nettsteder. Ideell for ekstern hytter, boliger, off-grid levende, bolig, næringseiendom, Disaster Relief, eller hvilket som helst sted der det ikke er, eller begrenset, lokal elektrisitet, og behovet for rent vann er akutt.

Solenergi paneler er en utmerket strømforsyning valg og aktiver vannbehandlingssystemer for å operere der ingen elektrisitet er til stede, eller for å gi back-up bør et lokalt nett går ned på grunn av katastrofen.

Om Forfatteren

Christopher Kinkaid

Christopher (Toby) Kinkaid, opprinnelig fra Portland, Oregon er grunnleggeren av **Solardyne.com**, **SolarQuote.com** , og **AlgaeToday.com** , og har jobbet i ren energiteknologi i over tre tiår. Kinkaid, er oppfinneren av "Helyx" Vertical Axis Wind Generator, den "Mariposa" Non-imaging solar konsentrator PV modul (kontinuerlig drift ved Sandia National Laboratory siden 1994), Solar Demultiplexer optisk solar konsentrere linse (Dr. James / Sandia National Laboratory 1991), og oppfinneren av den opprinnelige "Solar Power Pack" (Mother Earth News, "Litt Utility" juni / juli 2001).

Kinkaid, har vært en offisiell foreleser og programleder på ren energiteknologi hele verden, inkludert "APEC", Bangkok, Thailand, 2003, "Energy Solutions World", Tokyo, Japan, 2003, Den internasjonale Biomasse Conference (IBC), 2010,

Minneapolis , MN, og Alge Biomass Organization (ABO) Conference, 2010, Phoenix, AZ.

Christopher (Toby) Kinkaid, har dukket opp i intervjuer på KOIN TV, KGW TV, og "Bærekraftig Today" produsert i Oregon, og har sittet i styret for National Hydrogen Association, i Washington DC, 1993, Japan Satellite Communications Company (JCNET), Fukuoka, Japan, 1994-1995, og Algaedyne Corporation, Preston, MN, 2010-2013.

Kinkaid, fungerer i dag som konsernsjef i Solardyne, LLC i Portland, Oregon, hvor han fortsetter sitt arbeid i Solar, Wind, og Biomasse Technology, applikasjoner, forskning og utvikling.

Innledning

Behovet for rengjøring av vann er grunnleggende for livet. Uten rent drikkevann, er det ingen sivilisasjon. Naturlig sollys inneholder ultrafiolett (UV) stråler som er i stand til å ødelegge farlige patogener som finnes i vann ved å forstyrre deres celle-DNA. I dag tar moderne teknologi et signal fra naturen og bruker høyeffektive UV lyspærer å strålebehandling forurenset vann dreper 99,99% av alle farlige patogener.

Bestråle vannet med sterke UV-nivåer ødelegger disse farlige organismer, slik at du til kilden din vann fra lokale brønner, eller grunne kilder som bekker, dammer, elver og bekker som en kilde til drikkevann.

I dag kan moderne solcelle elektriske paneler (PV) drive UV vann klaver lage ren energi tilgjengelig på den eksterne nettstedet, som er enkle å installere, kostnadseffektive, og gir en enestående ytelse og pålitelighet der det teller: dag-for-dag i drift. Solar PV paneler er solid-state, har ingen bevegelige deler, hermetisk forseglet fra miljøet, vurdert for ekstreme steder og ofte bærer 25 års garanti gjør for en pålitelig strømforsyning.

Med riktig design og maskinvare valg, (poenget med denne Book), solcelledrevne UV Water Treatment Systems er overraskende produktiv rensing av vann fra fire liter per minutt, til titusenvis av liter per dag. The Solar PV kraftsystemet vil kreve en kommersiell batteribank, for å gi energi til UV vann sterilisator on demand 24/7.

Dette Book inneholder solar PV strømforsyning eksempler basert på hvor mye vann du trenger for å sterilisere. Betjene UV-lamper for fire timer hver dag, eller for tjuefire timer for kontinuerlig bruk.

Dette Bok er ment som en trinn-for-trinn guide til å først definere din UV Vann Sterilisering system, deretter matche det prosjektet til en av Solar Power Supply eksemplene. Hvis du trenger mer vann behandlet enn eksempelsystemer oppført, kan du bruke Chapter Two til å definere prosjektet slik at UV Vann Sterilizer leverandøren kan raskt identifisere den rette for din spesifikke prosjektet.

Vannbehandling og sterilisering er viktig. Vann er nødvendig uansett hvor mennesker operere, og rent drikkevann kan bli "produsert" på stedet fra og med brakkvann vannkilder. Solenergi elektrisk (PV) paneler er den mest effektive måten å drive UV vannklaver med høy ytelse, pålitelighet, og ingen drivstoff-kostnader på eksterne nettsteder.

Naturkatastrofer, menneskeskapte katastrofer, og avsidesliggende områder må vannbehandling hvor mennesker er basert på. Solar elektriske (PV) paneler, på historisk lave priser, lavere kostnader og kan være din vann UV Sterilizer strømforsyningsløsning.

UV vann klaver bruke høy intensitet Ultra-Violet (UV) lys for å drepe de farlige patogener som lever i naturlige vannforsyninger. Rent vann kan produseres fra ferskvann, og Salt vannkilder. Dette eBok er utformet som en solenergi guide til dimensjonering, og bygge din stand-alone, off-grid UV vannbehandling system, med uavhengig solenergi strømforsyning.

Rent vann er en viktig behov. Solar PV paneler er godt egnet til å gi strøm til UV vann sterilisering systemer for avsidesliggende steder. Dette Bok er skrevet for å være en ressurs i dette arbeidet.

Chapter One - UV Vann Sterilisatorer Hvordan de Fungerer

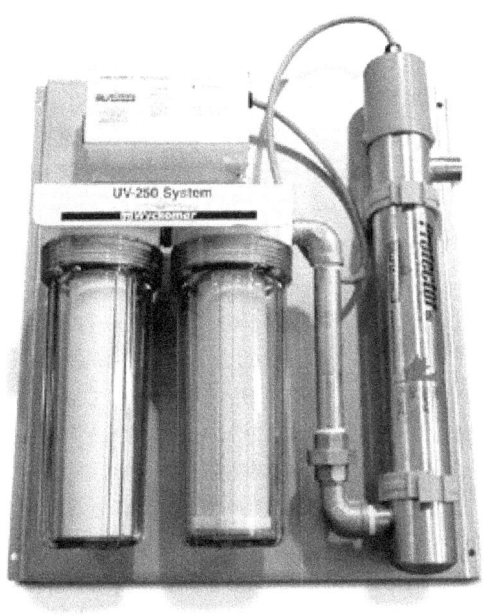

Ultrafiolett (UV) lys har lenge vært kjent som en ideell metode for fremstilling av rent drikkevann fra forurenset kilder. For mange år siden oppdaget forskerne spesielle bølgelengder av UV lys kan drepe sykdomsfremkallende patogener i drikkevannet vårt ved å angripe cellen DNA rendemikroorganismen inert.Naturligvis, eller kunstig produsert, er riktig levert 254 nm UVstråling svært effektiv på sterilisering vann av farlige patogener.

UV-lys, av tilstrekkelig dose, som en sterilisator vil effektivt ødelegge alle vanlige bakterier, virus og sporer som er regelmessig funnet i drikkevann inkludert Coliform, E. coli, Cryptosporidium, hepatitt, Influenza, M. tuberculosis, Giardia, V. cholera, Legionella, Salmonella, B. anthracis, for å nevne noen. UV-lys som en sterilisator, med riktig filtrering, dreper (99,99%) av patogener som finnes i vannet, uten bruk av kjemikalier, slik at brakkvann rent drikkevann, og behagelig å drikke.

I en naturlig eller menneskeskapte katastrofer det elektriske nettet er den første til å gå. Vann-og avfallsbehandling, hvis det fantes på stedet, er ofte skjebnesvangert kompromittert i katastrofer forlate enten ingen infrastruktur, eller ingen strømforsyning tilgjengelig for å kjøre den. Off-grid, eller frittstående solar PV kraftsystemer kan gi strøm til en individuell vannbehandlingssystemet, og har en mye større sjanse til å bo i drift i en katastrofe ikke å være koblet til nettet.

UV teknologien etterligner naturen for å drepe sykdomsfremkallende patogener i vann. Fungerende akkurat som UV-stråler i sollys, UV-strålene i UV-systemer angripe DNA av patogener, drepe cellene og gjøre vannet trygt å drikke.

UV Water Treatment Systems oss elektrisk strøm til å aktivisere en høy effekt UV-lampe. Denne UV-lampen er omgitt av en gjennomsiktig vann rør som presser vannet oppover og rundt røret i alle vinkler under UV-bestråling for en gitt strømningshastighet.

Energien som kreves av UV-systemet i seg selv er svært lite som UV-lampen ballast er svært effektiv. De lave strømbehovet for UV vann klaver gjør dem godt egnet til å være solcelledrevet stedet.

Soldrevne UV vannbehandling systemer er godt matchet for praktisk bruk i avsidesliggende steder, og som denne ebook håper å vise, på stor fordel til installatøren / operatør.

Hvorfor Steril Vann med UV behandling?

Det er mange måter å steriliserings vann. De farlige patogener i vann kan skje ved hjelp av ozon, hydrogenperoksyd, klor, og til og med hydroksylradikaler (OH negativ), og, hvis laget godt, er effektive. Imidlertid har ingen av disse metodene nådd modenhet til å være så kostnadseffektive i avsidesliggende områder, og Solar Powered, som UV sterilisering har blitt, i forfatterens erfaring.

Ultra-Violet (UV) vannbehandling og sterilisering bruker en tilnærming av First filtrere ut alle partikler med sedimentfilter, eller filtre. Deretter filtrerer UV-systemet ut de resterende partikler (ned til 5 mikron) med en Carbon Block filter. Så snart partiklene er fjernet, begynner den siste fasen av høydose UV-bestråling. Spiral opp og rundt UV lampe en fin strøm av vann bestråles fra alle vinkler ødelegge mikroorganismer til 99,99% fjerning. UV vannbehandling systemer overvåker seg selv, og gi advarsel alarmer dersom UV lampe faller under standard for hvilken som helst grunn.

Fordeler til UV behandling for vann Sterilisering:

Ingen kjemikalier benyttes i UV-sterilisering gir ingen miljømessige konsekvenser, ingen restprodukter, og ikke noe over-dosering er mulig, i likhet med kjemiske behandlinger. UV-teknologi, uten bruk av kjemikalier, produserer ingen gjenværende kjemiske biprodukter andre kjemiske metoder kan innføre, slik som en kombinasjon av klor og Organics produserende trihalomethanes. Alle disse problemer blir unngått med UV-sterilisering.

UV vann klaver er best brukt i "Point for bruk" applikasjoner. Installert på "Point of Consumption", det siste trinnet i vannbehandlingsprosessen, UV sterilisatorer tilbyr sanntid, og umiddelbar levering av drikkevann. Denne "Immediate Treatment" evne forsikrer vannet du leverer er drikkevann og opp til standard klar til å bli brukt av folk.

UV vann klaver, bruker 5 Micron Carbon Block filtre, har ingen endring i smak, lukt, pH, eller vann ledningsevne. Essensielle mineraler og sporelementer forblir oppløst i vannet frem frisk, smak-fritt, drikkevann on-demand.

UV vann sterilisator systemer overvåker seg selv, og tilby automatisk drift. Lett å installere som en pre-montert og testet fabrikken monter system, UV-systemer oppført i eksemplene nedenfor er lett å jobbe med i feltet. Skifte filterpatroner, og UV-lamper, når det er nødvendig, er rett frem og enkelt å gjøre i et par minutter. UV-lampen monitor slår alarm hvis du har noen UV lampe problemer, så disse godt designet vannklaver tilbyr pålitelighet i arbeidsforhold.

UV-sterilisator vannsystemer er økonomisk å drive. Du kan forvente å sterilisator Hundrevis av liter per krone av driftskostnadene. Sammen med en solenergi strømforsyning, kan UV vannbehandling system bygges helt fri fra drivstoffkostnader. Hvis nettstedet ditt, eller ligger svært avsidesliggende, ikke transport, eller kjøpe drivstoff kan være en stor fordel.

Chapter Two - Definere Step-by-Step Best UV Water Treatment System for din Jobb

Dimensjonering din UV vannbehandling system handler om levert liter per dag. Leser denne ebook tilsier at du har en vannbehandling prosjekt i tankene. Er din kilde til vann fra en brønn, grunt kilde, eller kommunale springen? Følgende trinn vil definere din Water Sterilisering behov som grunnlag for å velge den beste maskinvaren for jobben.

Step One: Hva er kilden til vann?

Det første spørsmålet blir "Er din kilde til vann Fresh, eller Salty?" Fresh, men brakkvann, kan være brønner, dammer, bekker, bekker, dammer, innsjøer, eller små elver. Salty kilder til vann vil være fra havet, eller nær-havet nettsteder. Hvis du trenger å behandle Salty vann trenger du en omvendt osmose (RO) system, som trenger sin egen solenergi strømforsyning, til pre-behandle vannet før UV.

RO vannbehandling systemer fjerne salter fra vannet bekken, men de gjør ikke garantere for vannet er trygt å drikke. For å fjerne bakterier og virus og andre patogener du trenger en UV vann sterilisator system. For Salty vannkilder vennligst besøk kapittel 8, som du må ta med en RO-systemet i prosjektet.

Trinn to: Hva er vanntrykket av vannkilden?

En kilde av vann vil enten ha sitt eget trykk, slik som med det kommunale vannkran eller forhøyet vannbeholder, eller vil ikke. Hvis vannkilden er unpressurized du må gi press. UV Vann Sterilisatorer krever et inntak vanntrykk til å jobbe, og har et maksimalt driftstrykk på 125 PSI.

Felles vanntrykk fra din kommune varierer, men vanligvis priser på 30 psi. Hvis din kilde til vann er den kommunale springen da trykket vil komme fra trykket matet linje og du er fin å hekte direkte til UV Vann Sterilizer system.

Mange eksterne nettsteder bruker en tank, eller sisternen, som ligger ovenfor hytta, eller huset for å gi vanntrykk. Denne "Gravity" matet system gir press for vannlinjen en inn i UV vann sterilisator. Hvis du bygger din tank, sørg for å plassere din tank, eller cisterne minst 70 meter ovenfor huset, i høyden, for å gi et tilfredsstillende trykk. Dette høyde (70 meter) vil gi den nominelle 30 PSI trykk du trenger, og nyte.

Hvis din kilde til vann er fra en brønn, kan du pumpe vann og lagre vann i en tank, som beskrevet ovenfor, eller du kan koble til en separat Solar Water Pump, til å pumpe vann fra godt direkte til din UV vannbehandling system.

UV vannbehandling systemet vil ha en In-line-filter ved inntaket til å begynne å filtrere større partikler oppløst i vannet som skitt, rust, og andre skalaen, med andre etappe Kullfilter å ta ut de mindre partikler og kjemikalier ned til 5 mikron. For mer informasjon om Solar Power Supplies for brønnpumper, vennligst se min eBok "Solar PV vannpumping."

Hvis din kilde til vannet er svært grunt, for eksempel en dam, innsjø, elv, bekk, tank, eller sisterne, må du gi et middel for vanntrykk. En løsning er å koble en Surface Pump direkte til UV vann sterilisator system.

Koble til en Surface Pump direkte til din UV sterilisator kan du kildevann for systemet ditt fra absolutt forurensede og brakkvann kilder. Ideell for virkelige forhold. Overflatepumper også ha en Inline filter plassert foran pumpen for å fjerne uønskede partikler.

Den UV vil også ha en Inline-filter sett for maksimal filtrering. For mer informasjon om Solar Power

Supply spesifikasjoner for Surface Pumper henvises det til min eBok "Solar PV vannpumpe."

Trinn Tre: Hva er vannkvaliteten i min Source Water "

Kilden vann du bruker som råstoff er en viktig faktor når du skal velge riktig utstyr. Hvis vannkilden er en dyp brønn, så du er i den beste situasjonen som dypt godt vann er vanligvis svært ren, og kan ikke kreve ekstra filtrering.

Men hvis vannkilden er fra en brønn, kan du enten lagre vann i en forhøyet tank, eller du kan koble din Nedsenkbar godt pumpe direkte til UV. Se "Solar PV vannpumping" for mer informasjon om nedsenkbare pumper.

Hvis din kilde til vann er fra en Shallow overflatekilde, for eksempel en dam, dam, bekk, elv, elv, eller noen form for overflatevann, så vil du sikkert ha partikler, og annen forurensning til stede. For overflatekilder trenger du en Surface Pump å gi press på UV vannbehandling system.

Se "Solar PV vannpumping" for mer informasjon om Surface pumper. I alle tilfeller må filtreres Surface hentet vann.

De UV-systemer som er oppført her i eksemplene vil ha To stadier av filtrering. Den første fasen er Sediment fasen. In-line filtre er i kassett form og er vurdert for partikler ned til 5 mikron. Sedimentet filter tar ut de større partikler i vannet som smuss, rust og andre partikler som henger fritt ned i vannet.

Den andre fasen filter er en Carbon Block filter og fjerner klor, lukt og smak og eventuelle andre partikler som får gjennom Stage-en også fjerne partikler ned til 5 mikron.

Hvis du står overfor en særlig utfordring vannkvalitet deretter legge ekstra filtre inline. Et annet sett med Cartridge 10" eller 30" Stage en Filters, og Stage to filtre vil kan få vann ned til ideelle standarder.

Turbiditet - (suspendert stoff)

Turbiditeten av din kilde vann er viktig. Suspenderte partikler i vannet kan omfatte, eller blokkere ultrafiolett lys fra å nå hver mikro-organisme i vannet.

The Stage-One sedimentfilter (5 mikron) vil fjerne skitt, rust, og større partikler. The Stage-Two Carbon Block filter (5 mikron) vil feie opp noe klor og andre små biter rende vann din klar for den endelige UV bestråling scenen.

Smak vann og teste for turbiditet. Du må holde turbiditet mindre enn 1,0 NTU Inline filtre nevnt ovenfor skal operere i de fleste forhold for å oppnå dette mindre enn 1,0 NTU vurdering. Hvis nettstedet ditt vann har massive turbiditet, deretter bruke en ekstra filterpatron sett In-line som en pre-behandling.

TDS - (totalt oppløste partikler)

Din TDS vurdering bør ikke overstige 500 ppm. Total hardhet (kalsium og magnesium) må være mindre enn 10 gpg (korn per gallon) av hardhet. Hvis prøven overstiger denne verdien deretter et kalkfilter-enheten kan legges Inline før filtrene.

Tanniner og farge må Mindre enn 2 ppm i prøven, eller trenger du en forbehandling kalkfilter.

Iron - må være mindre enn 0,33 ppm

Mangan - må være mindre enn 0,05 ppm

Hvis prøven skrider noen av disse standardene, må du legge til filtre, eller et kalkfilter for å fungere som en Pre-Treatment og pre-ren innkommende vann.

Den innebygde filter (Stage One Sediment, og Stage Two Carbon Block filter) inkludert i UV-behandling systemet vil ytterligere filter, deretter strålebehandling vannet med høy dose UV, rende vannet rent, trivelig, og drikkes.

Fjerde trinn: Hvor mye vann trenger jeg hver dag i liter per dag.

Størrelsen på Solar Strømforsyning er direkte relatert til hvor mye vann du trenger for å sterilisere hver dag. Jo mer vann du trenger, vil jo større solar PV kraftsystemet må bygges.

Residential krav varierer med bruk og livsstil. Små hytter, hytter og boliger opp til 3 folk vanligvis trenger minst 240 liter per dag for drikking, matlaging, dusjing osv. Dette kommer til 80 liter per person per dag for alle bruksområder, inkludert dusj, matlaging og generelt forbruk, derimot, bør du analysere dine faktiske behov for vann og komme opp med en liter per dag figur.

Trinn Fem: Hvor mye Solar Energy trenger jeg til å drive UV System?

Den totale mengden av vann hver dag du sterilisere er det sentrale spørsmålet når det gjelder dimensjonering din Solar strømforsyning. Eksempelsystemer er listet nedenfor har allerede blitt beregnet, men hvis du ønsker å størrelse dine egne systemer følgende informasjon er nyttig.

UV Vann Sterilisatorer er vanligvis vurdert i liter per minutt (GPM). Ettersom det er 60 minutter per time hver time av vann pumpes vil være 60 ganger GPM. Hvis GPM er 10 liter per minutt, deretter en time ville levere 600 liter. Solar elektriske paneler, men levere energi utover dagen, og vi anslå hvor mange "peak" timer tilsvarende en gitt plassering mottar fra Solen til å beregne hvor mye energi en gitt solar PV panel vil produsere.

The Sun er en kraftig kilde til energi. Når det gjelder toppeffekt på solenergi, er sola vurdert til standard testforhold (STC).

STC tilstand definerer toppeffekt tetthet av solenergi på overflaten av jorden på 1000 watt per kvadratmeter (ca 10,5 kvadratmeter). Merk: STC definerer også mengden av luft-massen solen banen tar (1.5 AMO), standard temperatur på 25 ° C (77 ° F), vindhastigheten på 2 meter / sek for å definere en standardtilstand for testing.

For å finne ut hvor mye Solar Energy du har til din plassering slå opp Sun Peak-timer for posisjonen din på en Solar kart. I våre eksempler her bruker vi et sted i Kansas, med 5,5 Solar Peak-timer. Slå opp dine steder solar peak-timers vurdering.

Raw solenergi produserer, på topp tilstand under en klar himmel en Kilowatt (1000) watt optisk effekt tilgjengelig for konvertering. Solar elektriske moduler (Photovoltaic PV paneler) konvertere denne optisk energi til likestrøm (DC) med god effektivitet levere ca 140 watt av elektrisitet per kvadratmeter.

Solar PV paneler er "hard kablet" å produsere en ønsket spenning. Hver solar "Cell" produserer ca 1/2

Volt DC på egen hånd. Utrolig nok, selv under overskyet vær solceller produsere gode spenninger.

Den mengden solenergi som treffer PV panel vil drive mengde "Current" solceller produserer. Mer direkte sol, mer strøm produsert. Solceller er koblet sammen for å produsere solcellemoduler som du vil bruke for solar UV Water Treatment prosjektet.

En kvadratmeter av sollyset produserer en strøm elektrisk kraft. Produserer 140 watt ved 12 VDC betyr over 10 ampere strøm genereres. Dette er en respektabel mengde strøm og kan sterilisere en utrolig mengde vann.

Når du vet at vannvolum per dag ønsket for enhver UV vann sterilisator systemet prosjektet, nå er du i stand til størrelse og makt dette systemet med riktig solar PV system. I kapitlene nedenfor vil vi gå over forskjellige UV Vann Sterilizer systemer for gitt strøm-priser, og vannmengder.

Trinn Fem: Velg det beste Solar PV drevet Water Treatment System

Fra kapitlene nedenfor, velger den beste solar PV drevet UV system for prosjektet. Matche System Eksempel som er mest lik den totale mengden vann du ønsker å levere hver dag i liter per dag (GPD). Noen programmer, for eksempel matvareindustrien, som kan kreve større gjennomstrømning.

Systemene som er oppført nedenfor, er arrangert av Flow-rate, og totalt liter per dag levert.

Når du vet disse vitale statistikk om UV vannbehandling prosjektet maskinvareleverandør kan vite hvordan du konfigurerer systemet. Ditt andre valg er å matche de systemene som presenteres i denne ebook som best oppfyller dine vannrensekrav. Hvis du ikke ser et system kraftig nok oppført i denne eBok, og deretter gå gjennom trinnene ovenfor, og besøke **Solardyne.com** på nettet, for mer informasjon på større systemer.

Kapittel Tre: Solar Power Systems som bruker Solar PV paneler Opplading av batterier for Strømforsyning

The Sun er en kraftig kilde til energi, og ideelt for å drive fjern UV vann sterilisator systemer. Solcellepaneler produserer sterke likestrøm, og er godt egnet til ekstreme steder for deres bevist holdbarhet og pålitelighet. Solar PV paneler produsere sterke spenninger, selv i lite lys og gir deg noen mulighet til å lade batteribanken selv i overskyet vær. Solar PV arrays er konfigurert til å gi spesifisert ytelse over et bredt spekter av klimaforhold. Derfor solar PV batteriladesystemer er "overdimensjonert" for å kompensere for variasjon i plassering.

UV Vannbehandling systemer krever en strømforsyning. Den totale "energi" som kreves for å drive en elektrisk belastning er beregnet ved å kjenne kraftbehovet, og de timer per dag du bruker utstyret. Energi, tilsvarer Power over tid. En kilowatt strøm, etter en time, krever en kilowatt-time (kWh) av energien.

Naturlig sollys inneholder mange bølgelengder av lys, og kan anvendes, hver for seg, for forskjellige formål. Korte bølgelengder (200-400 nm), som UV er ideelle for sterilisering og vannbehandling bruksområder. Synlige bølgelengder (400-720 nm), fra Violet, Indigo, blå, grønn, gul, oransje og rødt, får stadig lenger i bølgelengde, er utmerket for Solar Photovoltaic (PV) kraftproduksjon.

Den lengste bølgelengdene som finnes i sollys, Infra-Red (720-1100 nm), er ideell for termiske programmer, for eksempel oppvarming Air, eller vann. Men for vann Sterilisering funksjoner, kun korte UV-B-stråler (ca. 254 nm) er i stand til å ødelegge mikroorganismer i vannet.

Direkte sol konvertering teknologi eksisterer, og bruker den naturlig forekommende UV del av spekteret til direkte å forstyrre de farlige patogener i vannet. Direkte bruk av solens UV er i det eksperimentelle (og beviselig) scenen, men ikke like kompakt og pålitelig som kjører godt utviklede UV klaver med solenergi.

Dessuten er det interessant å merke seg, naturlig forekommende UV-lys er mindre enn 2% av den tilgjengelige energien i solspekteret. Imidlertid er vår tilnærming her for å bruke solenergi som en elektrisk strømforsyning.

Moderne solfotospenn (PV) paneler kan være 14% effektiv i felten. Derfor, termodynamisk, konvertere solenergi, først, til elektrisitet og kjører en UV lampe, produserer mange flere ganger 254 nm UV lys enn forekommer i naturlig sollys per kvadratmeter.

Dette eBook bruker eksempler på solenergi til å produsere elektrisitet. Solar elektrisitet brukes til å lade et batteri system. Den solar-ladet batteri gir strøm en inverter for å gi standard vekselstrøm som, i sin tur, driver UV Water Treatment System on demand.

The Solar Power System for UV sterilisator vil omfatte Solar PV panel array, med monteringsutstyr for å feste, og distribuere dine PV paneler på stedet. DC strøm fra solcelle PV paneler er koblet til en Charge-Controller.

Charge-Controller er "hjernen" i systemet, og utfører flere funksjoner for å holde kraftsystemet trygg, og drive effektivt. The Charge kontrolleren justerer kraften kommer fra Solar PV panel ved å finne det maksimale Power Point. Controllers bruke denne Maximum Power Point Tracking (MPPT) for å matche den ideelle uavgjort fra PV paneler for å lade den spesifikke spenningen på batteriene.

Charge-kontrolleren, overvåker også batteridriftsspenning, og gir beskyttelse for batteriet fra to forhold: High Voltage, og Low Voltage.

The High Voltage tilstanden er når batteriene begynner å over-charge. Over-lading er farlig for batterier, og kan føre til svikt. Derfor registrerer kostnad-kontrolleren denne tilstanden, og arbeiderne en High Voltage Disconnect (HVD). Den HVD forteller styreenheten for å åpne kretsen fra solcelle PV paneler, slik at ikke mer lading kan forekomme.

På den andre siden, hvis batterispenningen er registrert av kontrolleren til å være for lavt, bruker kontrolleren en Low Voltage Disconnect (LVD) for å skru av kretsen til å drive lasten, og ikke mer strøm trekkes fra batteriet. Den LVD tilstand, er også farlig for batterier, og som brukes til ytterligere å beskytte kretsen.

Fordi vannbehandling er så viktig, må brukeren være i stand til å slå på systemet og har rent vann produksjon på forespørsel 24/7. For å gjøre dette bruker vi en batteribank til å lagre energi fra PV paneler og gi strøm til UV.

Batteribanken eksempler, som er oppført nedenfor i eksempelsystemer, er basert på den totale energien som kreves av UV vann sterilisator til å kjøre for et gitt antall timer per dag, og den totale mengden av vann renset og levert i liter per dag.

Angående strømforsyninger, alle spenninger kjøre "downhill". Hvis du ønsker å drive en 12 VDC last fra en solar PV panel, må du produsere mer enn 12 VDC i spenning for å drive lasten enten fra et solcellepanel eller batteri. For en 12 VDC Solar PV panel for å produsere en høyere spenning produsenten vil kable 36 individuelle solceller i serie i modulen. Kabling de individuelle solceller i serien "Legger" spenningene produsere en nominell 18 VDC.

Under belastning, som er når du kobler til UV, vil spenningsfallet som solar PV paneler driver systemet.

Mindre solar PV paneler 60-135 watt er vanligvis 12 VDC paneler. Hvis du ønsker større systemspenninger ledning disse panelene i serien. To i serien for 24 VDC. Fire i serien for 48 VDC. Større solar PV paneler, fra 140 watt - 280 watt er kablet på 24 VDC hver. Wire to PV paneler i serie for 48 VDC- systemer.

Den DC Spenning av Solar PV systemet bestemmes av Inverter du velge å slå den Load. Fra Inverter inngangsspenning, bestemmer du din arbeidsbatterispenning (de skal samsvare), og arbeider tilbake derfra, vil du vite hva Spenning til wire din solcellepanel. Igjen, vil Solar DC Spenning matche batterispenningen, noe som i sin tur matcher Inverter DC inngangsspenning.

Merk: Når du kabler solar PV paneler wire i serien for å øke spenning (strøm forblir den samme), wire i parallell for å øke Current (spenningen forblir den samme).

Energien produsert av din Solar PV panel vil være makten vurdering multiplisert med din Daily Solar peak-timers vurdering for området.

Sjekk at du plassering med en Solar Power Kart , og legg merke til hvor mange Solar Peak-Timer solstråling nettstedet ditt mottar.

Montering Dine Solar PV paneler på location - Alternativer

Solcellepaneler kan monteres en rekke måter. Disse alternativene omfatter Pole montering, Ground montering, takmontering, Passiv Tracking, og Aktiv Tracking montering.

Faste mounts holde solar PV panel på et bestemt Tilt-vinkel og er justerbar. For å øke produksjonen av din Solar PV array du kan justere denne vinkelen sesong å maksimere solenergi eksponering. Alle Solar festene er montert for å møte Sør når området er på den nordlige halvkule, (Merk: peke panelene nord, hvis du er på den sørlige halvkule).

PV paneler for vann pumping trenger en solid og pålitelig monteringsbrakett. Solar PV paneler kan være Pole montert, enten på Top-of-the-polet, som en topplanterne, eller kan være Side-Pole montert.

Side-Pole festeanordningene har en brakett langs bunnen og toppen av Solar PV paneler.

Pole montering er et flott alternativ fordi det holder panelene over bakken minimere bakken effekter som økt støv. Også ledningene dine paneler, når de er montert på festemateriell braketten er lettere å gjøre som krøp under solar PV paneler (J-bokser er på baksiden av panelet) er hendig.

Pole montering dine solar PV paneler gjør også installasjonen enklere. Mindre Solar PV paneler vil montere på standard 1,5" Schedule # 40 rør. Grunnarbeid innebærer auguring et hull, og sette ditt pol i sement og tilslag.

Større Solar PV arrays, opptil 2000 watt med Top of Pole montering, vil montere på enten 2,5" Schedule # 40 pipe, 3,5" eller 4,5" rør for de største arrays. Eksemplene nedenfor vil kalle ut den spesifikke diameter på festerøret.

For stabilitet og lav pris, kan du også Ground Mount solcellepaneler. Ground Montering er en A-Frame stativ som lar deg justere din Tilt Angle. Den generelle ideell vinkel for montering dine Solar PV paneler er funnet ved å ta din Latitude vinkel av området, og trekke fra 15 grader. Derfor, hvis du befinner deg har en bredde på 45 grader, er det riktig vinkel 30 grader målt fra horisontalt.

Merk: Hvis nettstedet ditt er i et tropisk sted, eller en svært skyet plassering, er den beste vinkel vinkel.

Monter panelene flat. Dette vil få den mest "Global" solstråling, som er både direkte og indirekte stråler.

Du kan også montere solar PV array på taket ditt, hvis taket er i nærheten av din godt nettsted. I de fleste tilfeller er dette ikke så, så jeg vil bare nevne at alternativet.

Produksjon av solenergi er økt hvis du alltid peker solar PV panelet mot solen. Sporing av maskinvare gjør dette enten i en akse - Morning gjennom Night, eller på to-aksen (Høyde og Azimuth) som er mest nøyaktig.

Trackers er kategorisert i to typer: passive, og aktive, henholdsvis. Passive sporing eksempel med Zomeworks giret har stor robusthet og øker solcellepanel panel utgang i kraft omtrent 25% i gjennomsnitt. Passiv-type trackere bruker ujevn oppvarming av interne gasser å selv justere panelene i løpet av dagen, etter at solen. I morgen, disse trackere tilbakestilles til den stigende solen og gjentar syklusen.

Solar PV kraftsystemer fungerer best i direkte sollys. Etter solens bane, solar PV paneler øke energiproduksjon - kraftproduksjon over tid.

Aktiv sporing ved hjelp Wattsun Aktive Trackers øker produksjonen av solar PV paneler så mye som 35%. Ved hjelp av servomotorer, og en regnsensor, drevet av en egen solar PV array, de Wattsun trackere hente ut maksimal energi ut av din Solar PV array. Det er en kostnadsøkning for maskinvaren, men øker systemytelsen dramatisk. Hvis nettstedet ditt er svært avsidesliggende, vil jeg anbefale ingen bevegelige deler, og gå med Høyt Pole montering krever ikke vedlikehold potensial. Hvis du har enkel tilgang til nettstedet ditt, eller du er i en veldig liten fot-print, er aktiv-sporing et flott alternativ for å øke ytelsen.

I eksempelsystemer som er oppført nedenfor vil vi bruke to solar PV paneler som eksempler. For mindre Solar PV paneler, skåret på 12 VDC hver, er de Dasol paneler av 30, 60, 90, og 135 watt strøm, henholdsvis sitert. For større Solar PV paneler vil vi bruke REC linje ved hjelp av den populære og allment tilgjengelig 250 watt modul (panel) rangert på 24 VDC hver.

De Batterier, valgt for eksempel Sample system Part-Lister nedenfor, er Lukket, lekkasjesikker, og vedlikeholdsfri. Sealed Gel batterier er designet for å være robuste, og er pålitelige. Disse batteriene kan operere i alle retninger (opp ned anbefales ikke), er produsert for holdbarhet, og sender godt. Alle Solar PV batteriladesystemer vil bruke riktig størrelse Charge-Controller, som ytterligere beskytter Batteri Bank for pålitelig, vedlikeholdsfri drift.

Batterier som brukes i eksemplene er forseglet 12 VDC. For større systemer batteriene er kablet i serie, eller parallell, eller begge for å matche spenningen til omformeren.

En inverter er lagt til konvertere DC kapasiteten til batteriene til AC enfase strøm til å drive UV vannbehandling system.

Installasjon og forum Hensyn for din Solar PV Power Supply

Din Solar Power System blir trolig plassert et stykke fra din UV Vann Sterilizer system. UV Vann Sterilizer skal monteres innendørs hvis temperaturen synker under fire grader C. (40 grader F.) Den optimale temperaturen for UV sterilisering er mellom 9 grader C., og 29 grader C. solar PV kraftsystemet kan være montert på opptil 200 meter fra plasseringen av UV Vann Sterilizer system.

Merk: Hvis dine Solar PV paneler må plasseres mer enn 200 meter fra batteribanken, og UV Vann Sterilizer system, kan du øke spenningen på Solar PV array å kompensere for spenningstapet gjennom en lengre lengde på wire. Ta med din Solar PV elektrisitet i by wire til batteribanken der Charge kontrolleren, batterier, og Inverter er plassert. Hvis nettstedet ditt er i et veldig varmt sted å øke Solar Array spenning ved å legge til et annet panel, eller delstreng av paneler, i serie for å øke spenningen til PV strengen.

Eksterne nettsteder er beryktet for logistiske problemer. Ofte er det ingen makt, noe som er poenget med denne eBook - drive UV vann klaver med Solar PV makt. Som sådan, vil de følsomme elektronikken i solenergi systemet krever beskyttelse. Inkludert i eksemplene nedenfor, er alle vær batteri boksene, som beskytter batteriene fra været, og andre miljø eksternaliteter. Batteri boksene kommer enten isolert eller uisolert. Hvis du er i et kaldere klima, bruker deretter isolert. I tempererte klima velge uisolert. Hvis du er i et varmt klima bruk isolert.

Solar PV paneler vil være Top-of-Pole montert (andre alternativer finnes, for eksempel Ground, Tak, og sporing mounts), for å montere solcellepanel array til en Masthead. Mastetoppen hardware passer på toppen av en vertikal stålrøret (1,5 til 4,5" i diameter, Schedule # 40 rør) senket ned i bakken for montering PV paneler. Større Solar PV arrays kan bruke Ground Mounts som en stabil og pålitelig plattform som de len kan sikres, viktig i ekstreme steder.

Den generelle layout er å montere UV Vann Sterilizer system enten på vannledning innspill til struktur, eller på bruksstedet. Point of bruk er den mest ønskelige så det er ingen sjanse for krysskontaminering. Hvis du monterer UV-systemet på din vannledning, så sørg for å sterilisere nedstrøms rør slik at den rensede vannet kan nå brukeren upåvirket.

Følgende kapittel vil fokusere på spesifikke UV Water Treatment Systems og den tilsvarende Solar PV Power Supply for en gitt Daily Water Treatment volum i liter per dag (BNP) levert.

Rammeplanen:

Hvis din kilde til vann for vannbehandling er fra en kommunal kilde, så vil du bruke UV System, og Solar Power Supply.

Hvis din kilde til Vann er fra en grunne kilde, for eksempel fra en dam, innsjø, elv, bekk, eller samme høyde Tank, eller sisternen, trenger du en kilde til press, derfor trenger du en Surface Pump. Dette eBok dekker solenergi strømforsyning for UV vann sterilisator system. Hvis du trenger å solenergi pumpen se min andre bok "Solar PV Vann Pumping" for spesifikasjonene på solar pumpen og strømforsyningen.

Hvis din kilde til vann er en dyp brønn, så du trenger en nedsenkbar pumpe, se "Solar PV vannpumping" for spesifikasjonene på nedsenkbare solcelle pumper og strømforsyninger.

Følgende eksempler diskutere Solar Power Supplies for en gitt UV Water Treatment Flow rate, og antall timer per dag systemet vil fungere for en gitt Vann levering i behandlet vann express i liter per dag.

Kapittel Fire: UV Vann Sterilizer System på fire GPM med Solar Power Supply fra 240 til 5760 liter per dag

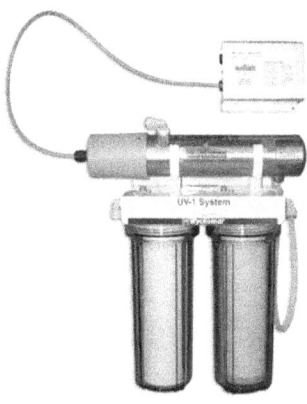

I dette kapittelet vil vi se på et UV Water Sterilisering System dimensjonert for små Cottage, eller for bruk med ulike Solar strømforsyninger basert på hvor mye vann per dag du trenger å sterilisere. Denne UV-steriliseringssystem har en 4 GPM strømningshastighet i stand til å produsere 240 liter rent vann per time. Den totale mengde vann per dag du kan produsere er avhengig av størrelsen på Solar strømforsyning. Dette UV vannbehandling system kan bruke springen, grunnvann, tjern, innsjø, bekk, liten elv, eller vel vannkilder.

UV Vannbehandling system som brukes i dette eksempelet er det Wyckomar SYS-POU250. Dette UV vannbehandling system er en alt-i-ett-anlegg, hvor alt av utstyr er ferdig montert, og pre-testet av produsenten. De viktigste komponentene i dette systemet inkluderer Inline filtre, filterhus, UV lampe Chamber, høy effektivitet Ballast med Low Light-alarm, trykkventiler, manuell Stenge kontroll, og Inntak / Output beslag alt montert på en rustfri monteringsplate.

Den minste Solar Power Supply i dette kapittel vil begynne med å kjøre UV-systemet for en time per dag. Den neste størrelse Solar PV Power Supply vil kjøre systemet for to timer per dag. Den tredje systemstørrelse vil gi strøm til UV fire timer per dag. Den fjerde eksempel vil kjøre åtte timer per dag, og det siste eksempelet på kontinuerlig drift med en total daglig produksjon, på 24 Hour rente, av anslagsvis 5760 liter per dag.

Solar Power Supply:

Kraften etterspørsel POS250 UV-systemet er 75 watt. Den "energi" etterspørsel, derfor er 75 watt-timer for hver time per dag du ønsker å kjøre vann sterilisator. For denne modellen av UV sterilisator hver time av bruk vil kreve ytterligere 75 watt-timer energi, og systemet Solar Strømforsyning eksempel blir større.

Det er lett å konstruere en Solar PV system for å drive 12 VDC, eller 24 VDC laster, og eksemplene nedenfor vil omfatte delelister for hver solenergi strømforsyning. Mindre solar PV-systemer vil være basert på en 12 VDC solenergi batteri ladesystem. Omformeren inkludert vil konvertere batteriet DC spenning til Single-Phase standard vekselstrøm. Din UV Vannbehandling system er designet for AC strøm, og når begge systemer, solenergi og UV sterilisator, er installert: bare å plugge i UV til Inverter, og slå på.

UV System ferdigmontert, Pre-Testet og pakket i Ship

UV Vannbehandling systemet som brukes i er eksempel er SYS-POU250 Produsert av Wyckomar. Denne UV-systemet er helt integrert med alle komponentundersystemer montert, testes, og klar til å installeres som en enhet. Montert på en rustfritt stål tilbake panel, er dette vannbehandlingssystemet utstyrt med to-trinns pre-filter, et UV sterilisering lampe Chamber, og overvåke med alle rørlegger, fittings, ventiler, og systemintegrasjon.

SYS-POU250 vann sterilisering system er et point-of-Bruk vann sterilisator ideell for hytter, RVs, og avsidesliggende hjem, og beste installert på det siste punktet i linjen før bruk.

Trykkvann Kilde:

Hvis din kilde til vann fra kommunale springen, trykktank, eller forhøyet tank, og har vanntrykket med et minimum av 20 PSI, og maksimalt 125 PSI, så kan du koble din UV vann sterilisator direkte til vannlinjen, enten på vannledning, eller på bruksstedet.

Un-trykk Vann Kilde:

Hvis din kilde til vann er en lokal Vel, så du trenger en vannpumping System foran UV Vann Sterilizer å gi arbeidstrykk. Hvis dette er tilfelle, kan du se i min Bok "Solar PV vannpumping" for spesifikke solenergi strømforsyninger, og nedsenkbare pumper for din situasjon om Depth of Vel. Når du velger din Solar vannpumping system matche din System Flow-Rate til 4 GPM for disse eksemplene.

Hvis vannet kommer fra en Shallow kilde, for eksempel et tjern, innsjø, elv, bekk, eller liten elv, så du trenger en Surface Pump å gi press på UV-systemet. Hvis dette er tilfelle, kan du se i min eBok "Solar PV vannpumping" for spesifikke strømforsyninger og pumper for ulike overflatekilder vann, inkludert in-line filtre som vil være nødvendig. Overflate kilder til vann er vanligvis svekket. Grunne kilder til vann vil kreve Inline filtre (to-trinns).

Eksempel A - 240 liter per dag

Vann sterilisering på fire GPM - Vann levering rate 240 liter per time. Solar Power Supply Run Tid: 1 time per dag. Samlet daglig produksjon i Drikkevann Produksjon: 240 liter per dag

Typisk bruk: Hytter, Båter, RVs, off-grid Hus, Remote Sites,

Deleliste:

UV Vann Sterilizer System:

En (1) SYS-POU250 Wyckomar Vann UV System vurdert til 4 GPM. Inkluderer: 2-trinns vann filtrations (5 Micron) sediment og kullfilter. High-Intensity UV lampe, med Quartz Sleeve, og UV Monitor Alarm. Filterhus, sikkerhetsventiler, med høy effektivitet Elektronisk ballast. Alle Ferdigmontert, Pre-testet, og montert til en rustfritt stål Monteringsplate

Solar PV Array:

En (1) Solar PV panel karakter på 30 watt ved 12 VDC. Eksempel solcellepanel: Dasol DS-A18-30, Size hver: 27,2" x 13,8" x 1" En (1) Top-of-Pole festeanordningene for en 30 watt panel, eller andre hvis kjøretøyet Monteres på 1,5" Schedule # 40 røret.

Batteri / Lade-Controller / Inverter:

En (1) SunSaver-6, Charge-kontrolleren rangert for 12 VDC batterilading opp til 6 ampere. En (1) Sealed, vedlikeholdsfritt batteri MK 8GU1 karakter på 12 VDC @ 31 Amp-timer. En (1) Side-of-Pole Mounted Battery Box (montert under Solar PV paneler). En (1) ExcelTech XP 125 watt Single-Phase AC Inverter for 12 VDC.

Merk: Denne solenergi systemet er utviklet for å gi en times kjøretid hver dag for UV Water sterilisator System produsere 240 liter per dag av drikkevannsproduksjon. Større vannbehandling systemer listet nedenfor.

Eksempel B - 480 liter per dag

Vann sterilisering på fire GPM - Vann levering rate 240 liter per time. Solar Power Supply Levetid: 2 time per dag. Samlet daglig produksjon i Drikkevann Produksjon: 480 liter per dag (GPD).

Typiske bruksområder: Hytter, Båter, RVs, Off-Grid Hus, avdelingskontorer

Deleliste:

UV Vann Sterilizer System:

En (1) SYS-POU250 Wyckomar Vann UV System vurdert til 4 GPM. Inkluderer: 2-trinns vann filtrations (5 Micron) sediment og kullfilter. High-Intensity UV lampe, med Quartz Sleeve, og UV Monitor Alarm. Filterhus, sikkerhetsventiler, med høy effektivitet Elektronisk ballast. Alle Ferdigmontert, Pre-testet, og montert til en rustfritt stål Monteringsplate

Solar PV Array:

En (1) Solar PV panel karakter på 60 watt ved 12 VDC. Eksempel solcellepanel: Dasol DS-A18-60, Size hver: 27,2" x 26,2" x 1,38" En (1) Top-of-Pole festeanordningene for en 60 watt panel. Monteres på 1,5" Schedule # 40 rør.

Batteri / Lade-Controller / Inverter:

En (1) SunSaver-10, Charge-kontrolleren rangert for 12 VDC batterilading opp til 10 ampere. En (1) Sealed, vedlikeholdsfritt batteri MK 8G22NF karakter på 12 VDC @ 50 Amp-timer. En (1) Side-of-Pole Mounted Battery Box (montert under Solar PV paneler). En (1) ExcelTech XP 125 watt Single-Phase AC Inverter for 12 VDC.

Merk: Denne solenergi systemet er utviklet for å gi to timer kjøretid hver dag for UV Water sterilisator System. Wire dine PV paneler i parallell for å øke Amps. System DC spenning: 12 VDC. UV System produserer ca 480 liter per dag av drikkevannsproduksjon.

Eksempel C - 960 liter per dag

Vann sterilisering på fire GPM - Vann levering rate 240 liter per time. Solar Power Supply Levetid: 4 time per dag. Samlet daglig produksjon i Drikkevann Produksjon: 960 liter per dag.

Typisk bruk: Hytter, Marinaer, RVs, off-grid Hus, Remote Sites

Deleliste:

UV Vann Sterilizer System:

En (1) SYS-POU250 Wyckomar Vann UV System vurdert til 4 GPM. Inkluderer: 2-trinns vann filtrations (5 Micron) sediment og kullfilter. High-Intensity UV lampe, med Quartz Sleeve, og UV Monitor Alarm. Filterhus, sikkerhetsventiler, med høy effektivitet Elektronisk ballast. Alle Ferdigmontert, Pre-testet, og montert til en rustfritt stål Monteringsplate

Solar PV Array:

To (2) Solar PV panel karakter på 60 watt ved 12 VDC, 120 watt totalt. Eksempel Solar modul: Dasol DS-A18-60, Size hver: 27,2" x 26,2" x 1,38" En (1) Top-of-Pole festeanordningene for to 60 watts paneler. Monteres på 1,5" Schedule # 40 rør.

Batteri / Charge -Controller/Inverter:

En (1) SunSaver SS-15MPPT, Charge-kontrolleren rangert for 12 VDC batterilading opp til 15 ampere. En (1) Sealed, vedlikeholdsfritt batteri MK 8G34 karakter på 12 VDC @ 60 Amp-timer hver. En (1) Side-of-Pole Mounted Battery Box (montert under Solar PV paneler). En (1) ExcelTech XP 125 watt Single-Phase AC Inverter for 12 VDC.

Merk: DC System. Dette solar PV systemet er utviklet for å gi fire timer kjøretid hver dag for UV Water sterilisator System produsere cirka 960 liter per dag av drikkevannsproduksjon.

Eksempel D - 1920 liter per dag

Vann sterilisering på fire GPM - Vann levering rate 240 liter per time. Solar Power Supply Levetid: 8 time per dag. Samlet daglig produksjon i Drikkevann Produksjon: 1920 liter per dag.

Typisk bruk: Hytter, Marinaer, Off-Grid Hus, avdelingskontorer, restauranter, vingårder, bryggerier, Food-prosessorer,-gårder, gårdsysteri, Klinikker

Deleliste:

UV Vann Sterilizer System:

En (1) SYS-POU250 Wyckomar Vann UV System vurdert til 4 GPM. Inkluderer: 2-trinns vann filtrations (5 Micron) sediment og kullfilter. High-Intensity UV lampe, med Quartz Sleeve, og UV Monitor Alarm. Filterhus, sikkerhetsventiler, med høy effektivitet Elektronisk ballast. Alle Ferdigmontert, Pre-testet, og montert til en rustfritt stål Monteringsplate

Solar PV Array:

To (2) Solar PV panel vurdert til 135 watt ved 12 VDC hver, 270 watt total array. Eksempel PV panel: Dasol DS-A18-135, Størrelse hver: 27,2" x 26,2" x 1,38" En (1) Top-of-Pole festeanordningene for to 135 watts paneler. Monteres på 1,5" Schedule # 40 pipe, augured i bakken med sement fundament.

Batteri / Lade-Controller / Inverter:

En (1) SunSaver SS-15MPPT, Charge-kontrolleren rangert for 24 VDC batterilading opp til 15 ampere. To (2) Forseglet, vedlikeholdsfritt batteri MK 8G34 karakter på 12 VDC @ 60 Amp-timer hver. En (1) Bryst Stil Ground Battery Box (kan plasseres inntil 50 meter fra PV). En (1) ExcelTech XP/24, 125 Watt Single-Phase AC Inverter for 24 VDC.

Merk: To 12 VDC batterier er kablet i serien for en 24 VDC system. Dette solar PV systemet er utviklet for å gi åtte timers kjøretid hver dag for UV Water sterilisator System produserer ca 1920 liter per dag av drikkevannsproduksjon.

Eksempel E - 5760 liter per dag

Vann sterilisering på fire GPM - Vann levering rate 240 liter per time. Solar Power Supply Levetid: 24 timer per dag - Kontinuerlig Duty. Samlet daglig produksjon i Drikkevann Produksjon: 5760 liter per dag.

Typisk bruk: Hytter, Marinaer, Off-Grid Hus, eksterne nettsteder, Residential, Light Commercial, Mat-prosessering, brygging, Klinikker

Deleliste:

UV Vann Sterilizer System:

En (1) SYS-POU250 Wyckomar Vann UV System vurdert til 4 GPM. Inkluderer: 2-trinns vann filtrations (5 Micron) sediment og kullfilter. High-Intensity UV lampe, med Quartz Sleeve, og UV Monitor Alarm. Filterhus, sikkerhetsventiler, med høy effektivitet Elektronisk ballast. Alle Ferdigmontert, Pre-testet, og montert til en rustfritt stål Monteringsplate

Solar PV Array:

Fire (4) Solar PV panel vurdert til 250 watt ved 24 VDC hver, 1000 Watt total array. Eksempel PV panel: REC Solar PV 250PE, Size hver: 65,5" x 39" x 1,5" One (1) Top-of-Pole festemateriell Fire (4) 250 watts paneler. Monteres på 3,5" Schedule # 40 pipe, augured i bakken med sement fundament.

Batteri / Lade-Controller / Inverter:

En (1) SunSaver SS-15MPPT, Charge-kontrolleren rangert for 24 VDC batterilading opp til 15 ampere. To (2) Forseglet, vedlikeholdsfritt batteri MK 8G30H karakter på 12 VDC @ 97 Amp-timer hver. En (1) Bryst Stil Ground Montert Battery Box (kan plasseres inntil 50 meter fra PV). En (1) ExcelTech XP/24, 125 watt Single-Phase AC Inverter for 24 VDC.

Merk: To 12 VDC batterier er kablet i serie for en 24 VDC system. Dette solar PV systemet er utviklet for å gi 24 timers kjøretid hver dag for UV Water sterilisator System produserer ca 5760 liter per dag av drikkevannsproduksjon.

Kapittel Five - UV Water Treatment på 8 GPM med Solar Power Supply for 960 til 11 520 liter per dag

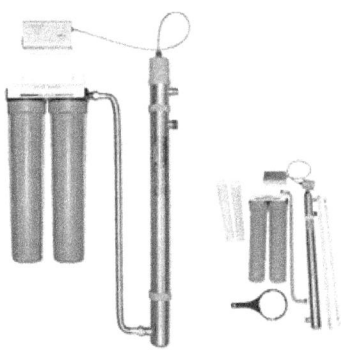

I dette kapittelet vil vi se på solar PV drevet vannbehandling system vurdert til 8 liter per minutt flow rate. Ideell for boliger systemer, UV vannbehandling system brukt disse eksemplene er det Wyckomar SYS-MD1003. Dette UV-behandling systemet er å bygge alt-i-ett som omfatter alt av nødvendig maskinvare pre-montert og testet. UV-behandling systemer inkluderer inline totrinns filtrering (5 Micron), hus, UV lampe kammer, Quartz Sleeve, Fittings, og overtrykksventiler, alt installert og klar til å gå.

Følgende Solar PV-strømforsyning er utformet for å kjøre MD1003 UV behandling system for det antall

timer som er angitt til å levere en gitt mengde
drinkable, hyggelig, drikkevann per dag.

Solar Power Supply

Kraften etterspørselen av dette systemet er 95 watt.
Den "energi" etterspørsel, derfor er 95 watt-timer for
hver time per dag du ønsker å kjøre vann sterilisator.
For denne modellen av UV sterilisator hver time av
bruk vil kreve ytterligere 95 watt-timer energi fra
solcellepanel kraftsystemet, og eksempelet system
få større.

Eksempel F - 960 liter per dag (GPD)

Vann sterilisering på 8 GPM - Vann levering rate 480
liter per time. Solar Power Supply Run Tid: 2 timer
per dag. Samlet daglig produksjon i Drikkevann
Produksjon: 960 liter per dag.

Typisk bruk: Hytter, Marinaer, Off-Grid Hus, Remote
Sites, boliger, kommersielle, Mat-prosessering,
Brewing,

Deleliste:

UV Vann Sterilizer System:

En (1) SYS-MD1003 Wyckomar Vann UV System
vurdert til 8 GPM. Inkluderer: 2-trinns vann
filtrations (5 Micron) sediment og kullfilter. High-
Intensity UV lampe, med Quartz Sleeve, og UV

Monitor Alarm. Filterhus, sikkerhetsventiler, med høy effektivitet Elektronisk ballast. Alle Ferdigmontert, Pre-testet, og montert til en rustfritt stål Monteringsplate

Solar PV Array:

En (1) Solar PV panel vurdert til 135 watt ved 12 VDC hver. Eksempel solar PV panel: Dasol DS-A18-135, Størrelse hver: 27,2" x 26,2" x 1,38" En (1) Top-of-Pole festeanordningene for en 60 watt panel. Monteres på 1,5 "Schedule # 40 rør.

Batteri / Lade-Controller / Inverter:

En (1) SunSaver SS-15MPPT, Charge-kontrolleren rangert for 12 VDC batterilading opp til 15 ampere. En (1) Sealed, vedlikeholdsfritt batteri MK 8G24DT karakter på 12 VDC @ 73 Amp-timer. En (1) Side-of-Pole Mounted Battery Box (montert under Solar PV paneler). En (1) ExcelTech XP 125 watt Single-Phase AC Inverter for 12 VDC.

Merk: Denne solenergi systemet er utviklet for å gi to timer kjøretid hver dag for UV Water sterilisator System. Wire dine PV paneler i parallell for å øke Amps. System DC spenning: 12 VDC. UV System produserer ca 960 liter per dag av drikkevannsproduksjon.

Eksempel G - 1920 liter per dag (GPD)

Vann sterilisering på 8 GPM - Vann levering rate 480 liter per time. Solar Power Supply Levetid: 4 timer per dag. Samlet daglig produksjon i Drikkevann Produksjon: 1920 liter per dag.

Typisk bruk: Hytter, Marinaer, Off-Grid Hus, Remote Sites, boliger, kommersielle, Mat-prosessering, Brewing, klinikker,

Deleliste:

UV Vann Sterilizer System:

En (1) SYS-MD1003 Wyckomar Vann UV System vurdert til 8 GPM. Inkluderer: 2-trinns vann filtrations (5 Micron) sediment og kullfilter. High-Intensity UV lampe, med Quartz Sleeve, og UV Monitor Alarm. Filterhus, sikkerhetsventiler, med høy effektivitet Elektronisk ballast. Alle Ferdigmontert, Pre-testet, og montert til en rustfritt stål monteringsplate.

Solar PV Array:

To (2) Solar PV panel vurdert til 135 watt ved 12 VDC hver, 270 watt total array. Eksempel PV Panel: Dasol DS-A18-135, Størrelse hver: 27,2" x 26,2" x 1,38" En (1) Top-of-Pole festeanordningene for to 60 watts paneler. Monteres på 1,5 "Schedule # 40 rør.

Batteri / Lade-Controller / Inverter:

En (1) SunSaver SS-15MPPT, Charge-kontrolleren rangert for 24 VDC batterilading opp til 15 ampere. To (2) Forseglet, vedlikeholdsfrie batterier MK 8G34 karakter på 12 VDC @ 60 Amp-timer hver. En (1) Side-of-Pole Mounted Battery Box (montert under Solar PV paneler). En (1) ExcelTech XP 125 watt Single-Phase AC Inverter for 24 VDC.

Merk: DC System metalltråd solar PV paneler i parallell. Dette solar PV systemet er utviklet for å gi fire timer kjøretid hver dag for UV Water sterilisator System produserer ca 1920 liter per dag av drikkevannsproduksjon.

Eksempel H - 3840 liter per dag (GPD)

Vann sterilisering på 8 GPM - Vann levering rate 480 liter per time. Solar Power Supply Run tid: 8 timer per dag. Samlet daglig produksjon i Drikkevann Produksjon: 3840 liter per dag.

Typisk bruk: Hytter, Marinaer, off-grid Hus, Remote Sites, boliger, kommersielle, Mat-prosessering, Brewing, Klinikker

Deleliste:

UV Vann Sterilizer System:

En (1) SYS-MD1003 Wyckomar Vann UV System vurdert til 8 GPM. Inkluderer: 2-trinns vann filtrations (5 Micron) sediment og kullfilter. High-

Intensity UV lampe, med Quartz Sleeve, og UV Monitor Alarm. Filterhus, sikkerhetsventiler, med høy effektivitet Elektronisk ballast. Alle Ferdigmontert, Pre-testet, og montert til en rustfritt stål monteringsplate.

Solar PV Array:

To (2) Solar PV panel vurdert til 250 watt ved 24 VDC hver, 500 watt total array. Eksempel: REC Solar PV 250PE, Size hver: 65,5" x 39" x 1.5" En (1) Top-of-Pole festeanordningene for to 250 watts paneler. Monteres på 2,5" Schedule # 40 pipe, augured i bakken med sement fundament

Batteri / Lade-Controller / Inverter:

En (1) Morningstar TS-MTTP-45, Charge-kontrolleren rangert for 24 VDC batterilading. To (2) Forseglet, vedlikeholdsfritt batteri MK 8G24DT karakter på 12 VDC @ 73 Amp-timer hver. En (1) Bryst Stil Ground Montert Battery Box (kan plasseres inntil 50 meter fra PV). En (1) ExcelTech XP/24 125 watt Single-Phase AC Inverter for 24 VDC.

Merk: To 12 VDC batterier er kablet i serie for en 24 VDC system. To PV paneler kablet parallelt. Dette solar PV systemet er utviklet for å gi åtte timers kjøretid hver dag for UV Water sterilisator System produserer ca 3840 liter per dag av drikkevannsproduksjon.

Eksempel I - 11 520 liter per dag (GPD)

Vann sterilisering på 8 GPM - Vann levering rate 480
liter per time
Solar Power Supply Run Tid: 24 timer per dag -
Kontinuerlig Duty
Samlet daglig produksjon i Drikkevann Produksjon:
11 520 liter per dag

Typisk bruk: Hytter, Marinaer, Off-Grid Hus, Remote
Sites, boliger, kommersielle, Mat-prosessering,
brygging, klinikker, sykehus, små landsbyer, gårder,
Ranches

Deleliste:

UV Vann Sterilizer System:

En (1) SYS-MD1003 Wyckomar Vann UV System
vurdert til 8 GPM. Inkluderer: 2-trinns vann
filtrations (5 Micron) sediment og kullfilter. High-
Intensity UV lampe, med Quartz Sleeve, og UV
Monitor Alarm. Filterhus, sikkerhetsventiler, med
høy effektivitet Elektronisk ballast. Alle
Ferdigmontert, Pre-testet, og montert til en rustfritt
stål monteringsplate.

Solar PV Array:

Seks (6) Solar PV paneler skåret på 250 watt ved 24
VDC hver, 1500 Watt total matrise. Eksempel: REC
Solar PV 250PE, Size hver: 65,5" x 39" x 1.5" En (1)
Top-of-Pole festeanordningene for seks (6) 250

watts paneler. Monteres på 3,5" Schedule # 40 pipe, augured i bakken med sement fundament.

Batteri / Lade-Controller / Inverter:

En (1) Morningstar TS-MPPT-60, Charge-kontrolleren rangert for 24 VDC batterilading. To (2) Forseglet, vedlikeholdsfritt batteri MK 8G30H karakter på 12 VDC @ 97 Amp-timer hver. En (1) Bryst Stil Ground Montert Battery Box (kan plasseres inntil 50 meter fra PV). En (1) ExcelTech XP/24 125 watt Single-Phase AC Inverter for 24 VDC.

Merk: To 12 VDC batterier er kablet i serie for en 24 VDC system. Solar PV paneler kablet som to dels i serien. Hver delstreng av tre paneler kablet parallelt Dette solar PV systemet er utviklet for å gi 24 timers kjøretid hver dag for UV Water sterilisator System produserer ca 11 520 liter per dag av drikkevannsproduksjon.

Kapittel Six - UV Water Treatment System på 12 GPM for 2880 GPD til 17 280 liter per dag

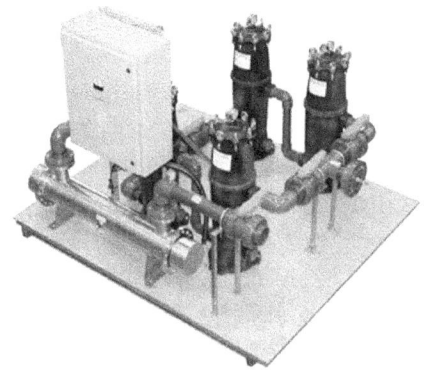

Dette kapitlet tar for seg en høyere strømningshastighet UV vann sterilisator system SYS-MD1004. Rangert på 12 GPM denne UV er designet for husholdninger, bygninger med en "vannlinjer. Den en" inntak gir økt kapasitet og kan kjøres i korte tider hver dag, eller 24 timer per dag i kontinuerlig bruk. Den solenergi systemer er oppført nedenfor bruke Solar PV paneler for å bygge en Solar Array av riktig effekt. Systemer inkluderer montering maskinvare foreslått, samt laderegulator, batteribank, og Inverter for å produsere strøm til å kjøre UV sterilisator system.

UV-dosen fra denne UV produserer 54 mJ/cm2 (54000 µsec/cm2) @ 95% UVT 38 mJ/cm2 (38000 µsec/cm2) @ 70% UVT. Dette høy dose UV bestråling steriliserer kommersielle utganger nyttige for matvareindustrien, gårdsysteri, sykehus, små landsbyer, alle installerte kapasitet opp til 17 280 GPD i kontinuerlig drift.

Eksempel J - 2880 liter per dag (GPD)

Vann sterilisering på 12 GPM - Vann levering rate 720 liter per time. Solar Power Supply Levetid: 4 timer per dag. Samlet daglig produksjon i Drikkevann Produksjon: 2880 liter per dag.

Typisk bruk: Hytter, Marinaer, off-grid Hus, Remote Sites, boliger, kommersielle, Mat-prosessering, Brewing, klinikker, andre eksterne nettsteder.

Deleliste:

UV Vann Sterilizer System:

En (1) SYS-MD1004 Wyckomar Vann UV System karakter på 12 GPM. Inkluderer: 2-trinns vann filtrations (5 Micron) sediment og kullfilter. High-Intensity UV lampe, med Quartz Sleeve, og UV Monitor Alarm. Filterhus, sikkerhetsventiler, med høy effektivitet Elektronisk ballast. Alle Ferdigmontert, Pre-testet, og montert til en rustfritt stål Monteringsplate for enkel montering.

Solar PV Array:

En (1) Solar PV panel vurdert til 250 watt ved 24 VDC. Eksempel: REC Solar PV Panel 250PE, Størrelse: 65,5" x 39" x 1.5" En (1) Top-of-Pole festeanordningene for to 250 watts paneler. Monteres på 2,5" Schedule # 40 pipe, augured i bakken med sement fundament.

Batteri / Lade-Controller / Inverter:

En (1) SunSaver SS-15MPPT, Charge-kontrolleren rangert for 24 VDC batterilading opp til 15 ampere. To (2) Forseglet, vedlikeholdsfritt batteri MK 8G24DT karakter på 12 VDC @ 73 Amp-timer hver. En (1) Bryst Stil Ground Montert Battery Box (kan plasseres inntil 50 meter fra PV). En (1) ExcelTech XP/24 125 watt Single-Phase AC Inverter for 24 VDC.

Merk: To 12 VDC batterier er kablet i serie for en 24 VDC system. Dette solar PV systemet er utviklet for å gi fire timer kjøretid hver dag for UV Water sterilisator System produserer ca 2880 liter per dag av drikkevannsproduksjon.

Eksempel K - 5760 liter per dag (GPD)

Vann sterilisering på 12 GPM - Vann levering rate 720 liter per time. Solar Power Supply Run tid: 8 timer per dag. Samlet daglig produksjon i Drikkevann Produksjon: 5760 liter per dag.

Typisk bruk: Hytter, Marinaer, Off-Grid Hus, Remote Sites, boliger, kommersielle, Mat-prosessering, Brewing, klinikker, gårder

Deleliste:

UV Vann Sterilizer System:

En (1) SYS-MD1004 Wyckomar Vann UV System karakter på 12 GPM. Inkluderer: 2-trinns vann filtrations (5 Micron) sediment og kullfilter. High-Intensity UV lampe, med Quartz Sleeve, og UV Monitor Alarm. Filterhus, sikkerhetsventiler, med høy effektivitet Elektronisk ballast. Alle Ferdigmontert, Pre-testet, og montert til en rustfritt stål monteringsplate.

Solar PV Array:

To (2) Solar PV panel vurdert til 250 watt ved 24 VDC hver, 500 watt total array. Eksempel: REC Solar PV 250PE, Size hver: 65,5" x 39" x 1.5" En (1) Top-of-Pole festeanordningene for to 250 watts paneler. Monteres på 3,5 "Schedule # 40 pipe, augured i bakken med sement fundament.

Batteri / Lade-Controller / Inverter:

En (1) MorningStart TX-MPPT-45, Charge-kontrolleren rangert for 24 VDC batterilading. To (2) Forseglet, vedlikeholdsfritt batteri MK 8G24DT karakter på 12 VDC @ 73 Amp-timer hver. En (1) Bryst Stil Ground Montert Battery Box (kan plasseres inntil 50 meter fra PV). En (1) ExcelTech XP/24 125 watt Single-Phase AC Inverter for 24 VDC inngangsspenning.

Merk: To 12 VDC batterier er kablet i serie for en 24 VDC system. Solar PV paneler kablet parallelt. Dette solar PV systemet er utviklet for å gi åtte timers kjøretid hver dag for UV Water sterilisator System produserer ca 5760 liter per dag av drikkevannsproduksjon.

Eksempel L - 8640 liter per dag (GPD)

Vann sterilisering på 12 GPM - Vann levering rate 720 liter per time. Solar Power Supply Levetid: 12 timer per dag. Samlet daglig produksjon i Drikkevann Produksjon: 8640 liter per dag.

Typisk bruk: Hytter, Marinaer, Off-Grid Hus, Remote Sites, boliger, kommersielle, Mat-prosessering, Brewing, klinikker,

Deleliste:

UV Vann Sterilizer System:

En (1) SYS-MD1004 Wyckomar Vann UV System karakter på 12 GPM. Inkluderer: 2-trinns vann filtrations (5 Micron) sediment og kullfilter. High-Intensity UV lampe, med Quartz Sleeve, og UV Monitor Alarm, filterhus, trykkavlastningsventiler, med høy effektivitet Elektronisk ballast. Alle

Ferdigmontert, Pre-testet, og montert til en rustfritt stål monteringsplate.

Solar PV Array:

Fire (4) Solar PV panel vurdert til 250 watt ved 24 VDC hver, 1000 Watt total array. Eksempel: REC Solar PV 250PE, Size hver: 65,5" x 39" x 1.5" En (1) Top-of-Pole festeanordningene for fire 250 watts paneler. Monteres på 3,5 "Schedule # 40 pipe, augured i bakken med sement fundament.

Batteri / Lade-Controller / Inverter:

En (1) Morningstar TS-MPPT-45, Charge-kontrolleren rangert for 24 VDC batterilading. To (2) Forseglet, vedlikeholdsfritt batteri MK 8G27 karakter på 12 VDC @ 86 Amp-timer hver. En (1) Bryst Stil Ground Montert Battery Box (kan plasseres inntil 50 meter fra PV). En (1) ExcelTech XP/24 125 watt Single-Phase AC Inverter for 24 VDC inngang likespenning.

Merk: To 12 VDC batterier er kablet i serie for en 24 VDC system. Dette solar PV systemet er utviklet for å gi 12 timers kjøretid hver dag for UV Water sterilisator System produserer ca 8640 liter per dag av drikkevannsproduksjon.

Eksempel M - 17 280 liter per dag (GPD)

Vann sterilisering på 12 GPM - Vann levering rate 720 liter per time. Solar Power Supply Levetid: 24

timer per dag. Samlet daglig produksjon i Drikkevann Produksjon: 17 280 liter per dag.

Typisk bruk: Hytter, Marinaer, Off-Grid Hus, eksterne nettsteder, bolig, kommersielle, Mat-behandling, brygging, klinikker, sykehus

Deleliste:

UV Vann Sterilizer System:

En (1) SYS-MD-1004 Wyckomar Vann UV System karakter på 12 GPM. Inkluderer: 2-trinns vann filtrations (5 Micron) Sediment og kullfiltre, High-Intensity UV lampe, med Quartz Sleeve, og UV Monitor Alarm, filterhus, trykkavlastningsventiler, med høy effektivitet Elektronisk ballast. Alle Ferdigmontert, Pre-testet, og montert til en rustfritt stål Monteringsplate

Solar PV Array:

Åtte (8) Solar PV panel vurdert til 250 watt ved 24 VDC hver, 2000 Watt total array. Eksempel: REC Solar PV 250PE, Size hver: 65,5" x 39" x 1.5" En (1) Top-of-Pole festeanordningene for åtte (8) 250 watts paneler. Monteres på 6" Schedule # 40 pipe, augured i bakken med sement fundament.

Batteri / Lade-Controller / Inverter:

En (1) Morningstar TS-MPPT-60, Charge-kontrolleren rangert for 24 VDC batterilading. Fire (4) Forseglet, vedlikeholdsfritt batteri MK 8G27 karakter på 12 VDC @ 86 Amp-timer hver. En (1) Bryst Stil Ground Montert Battery Box (kan plasseres inntil 50 meter fra PV). En (1) ExcelTech XP/24 125 watt Single-Phase AC Inverter for 24 VDC inngang.

Merk: Fire (4) 12 VDC batterier er kablet 2 i parallell, og de unders kablet i serie for en 24 VDC system. Dette solar PV systemet er utviklet for å gi 24 timers kjøretid hver dag for UV Water sterilisator System produserer ca 17 280 liter per dag av drikkevannsproduksjon.

Chapter Seven - UV Vann sterilisering Systems for 30 GPM for 7200 til 43 200 liter per dag

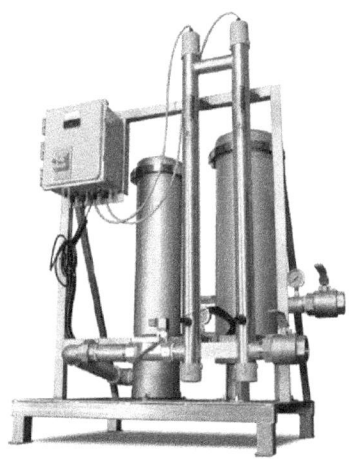

Store UV Water Treatment Systems har en stor appetitt for kilde vann og strøm. SYS-MD-1006 vurdert til 30 GPM. Dimensjonert for 1,5 "inntaket rør dette kommersielle enheten kan behandle opp til 43 200 liter per dag. MD-1006 er et stort kommersielt UV vannbehandling system. Vanninntaket rør er 1,5" in diameter.

Eksempel N - 7200 liter per dag

Vann sterilisering på 30 GPM - Vann levering rate 1800 liter per time. Solar Power Supply Levetid: 4

timer per dag. Samlet daglig produksjon i
Drikkevann Produksjon: 7200 liter per dag.

Typisk bruk: Hytter, Marinaer, off-grid Hus, eksterne
nettsteder, bolig, kommersielle, Mat-behandling,
brygging, klinikker, sykehus, små landsbyer

Deleliste:

UV Vann Sterilizer System:

En (1) SYS-MD-1006 Wyckomar Vann UV System
karakter på 30 GPM. Inkluderer: 2-trinns vann
filtrations (5 Micron) Sediment og kullfiltre, High-
Intensity UV lampe, med Quartz Sleeve, og UV
Monitor Alarm, filterhus, trykkavlastningsventiler,
med høy effektivitet Elektronisk ballast. Alle
Ferdigmontert, Pre-testet, og montert til en rustfritt
stål monteringsplate.

Solar PV Array:

To (2) Solar PV panel vurdert til 250 watt ved 24 VDC
hver, 500 watt total array. Eksempel: REC Solar PV
250PE, Size hver: 65,5" x 39" x 1.5" En (1) Top-of-Pole
festeanordningene for to 250 watts paneler.
Monteres på 2,5 "Schedule # 40 pipe, augured i
bakken med sement fundament.

Batteri / Lade-Controller / Inverter:

En (1) Morningstar TS-MPPT-45, Charge-kontrolleren
rangert for 24 VDC batterilading. To (2) Forseglet,

vedlikeholdsfritt batteri MK 8G34 karakter på 12 VDC @ 60 Amp-timer hver. En (1) Bryst Stil Ground Montert Battery Box (kan plasseres inntil 50 meter fra PV). En (1) ExcelTech XP/24 125 watt Single-Phase AC Inverter for 24 VDC.

Merk: To 12 VDC batterier er kablet i serie for en 24 VDC system. Dette solar PV systemet er utviklet for å gi fire timer kjøretid hver dag for UV Water sterilisator System produserer ca 7200 liter per dag av drikkevannsproduksjon.

Eksempel O - 14 400 liter per dag

Vann sterilisering på 30 GPM - Vann levering rate 1800 liter per time. Solar Power Supply Run tid: 8 timer per dag. Samlet daglig produksjon i Drikkevann Produksjon: 3600 liter per dag.

Typisk bruk: Hytter, Marinaer, off-grid Hus, Remote Sites, boliger, kommersielle, Mat-prosessering, Brewing, klinikker, Sykehus, Food-prosessorer, vingårder, bryggerier, restauranter.

Deleliste:

UV Vann Sterilizer System:

En (1) SYS-MD-1006 Wyckomar Vann UV System karakter på 30 GPM. Inkluderer: 2-trinns vann filtrations (5 Micron) sediment og kullfilter. High-Intensity UV lampe, med Quartz Sleeve, og UV

Monitor Alarm. Filterhus, sikkerhetsventiler, med høy effektivitet Elektronisk ballast. Alle Ferdigmontert, Pre-testet, og montert til en rustfritt stål monteringsplate.

Solar PV Array:

Fire (4) Solar PV panel vurdert til 250 watt ved 24 VDC hver, 1000 Watt total array. Eksempel PV panel: REC Solar PV 250PE, Size hver: 65,5" x 39" x 1.5" En (1) Top-of-Pole festeanordningene for fire (4) 250 watts paneler. Monteres på 3,5" Schedule # 40 pipe, augured i bakken med sement fundament.

Batteri / Lade-Controller / Inverter:

En (1) Morningstar TS-MPPT-60, Charge-kontrolleren rangert for 24 VDC batterilading opp til 10 ampere. To (2) Forseglet, vedlikeholdsfritt batteri MK 8G30H karakter på 12 VDC @ 97 Amp-timer hver. En (1) Bryst Stil Ground Montert Battery Box (kan plasseres inntil 50 meter fra PV). En (1) ExcelTech XP/24 125 watt Single-Phase AC Inverter for 24 VDC inngangsspenning.

Merk: To 12 VDC batterier er kablet i serie for en 24 VDC system. Dette solar PV systemet er utviklet for å gi åtte timers kjøretid hver dag for UV Water sterilisator System produserer ca 17 280 liter per dag av drikkevannsproduksjon.

Eksempel P - 21 600 liter per dag

Vann sterilisering på 30 GPM - Vann levering rate 1800 liter per time. Solar Power Supply Levetid: 12 timer per dag. Samlet daglig produksjon i Drikkevann Produksjon: 21.600 liter per dag.

Typisk bruk: Hytter, Marinaer, Off-Grid Hus, Remote Sites, bolig, kommersielle, Mat-prosessering, Brewing, klinikker, sykehus, små landsbyer.

Deleliste:

UV Vann Sterilizer System:

En (1) SYS-MD-1006 Wyckomar Vann UV System karakter på 30 GPM. Inkluderer: 2-trinns vann filtrations (5 Micron) Sediment og kullfiltre, High-Intensity UV lampe, med Quartz Sleeve, og UV Monitor Alarm, filterhus, trykkavlastningsventiler, med høy effektivitet Elektronisk ballast. Alle Ferdigmontert, Pre-testet, og montert til en rustfritt stål Monteringsplate for ett stykke installasjon.

Solar PV Array:

Seks (6) Solar PV panel vurdert til 250 watt ved 24 VDC hver, 1, 500 watt total array. Eksempel PV panel: REC Solar PV 250PE, Size hver: 65,5" x 39" x 1.5" En (1) Top-of-Pole festeanordningene for seks (6) 250 watts paneler. Monteres på 6" Schedule # 40 pipe, augured i bakken med sement fundament

Batteri / Lade-Controller / Inverter:

En (1) Morningstar XS-MPPT-45, Charge-
kontrolleren rangert for 24 VDC batterilading. To (2)
Forseglet, vedlikeholdsfritt batteri MK 8G30H
karakter på 12 VDC @ 97 Amp-timer hver. En (1)
Bryst Stil Ground Montert Battery Box (kan plasseres
inntil 50 meter fra PV). En (1) ExcelTech XP/24 125
watt Single-Phase AC Inverter for 24 VDC.

Merk: To 12 VDC batterier er kablet i serie for en 24
VDC system. Dette solar PV systemet er utviklet for
å gi 12 timers kjøretid hver dag for UV Water
sterilisator System produserer ca 21 600 liter per
dag av drikkevannsproduksjon.

Eksempel Q - 43 200 liter per dag

Vann sterilisering på 30 GPM - Vann levering rate
1800 liter per time. Solar Power Supply Levetid: 24
timer per dag - Kontinuerlig Duty. Samlet daglig
produksjon i Drikkevann Produksjon: 43 200 liter
per dag.

Typisk bruk: Hytter, Marinaer, off-grid Hus, eksterne
nettsteder, bolig, kommersielle, Mat-behandling,
brygging, klinikker, små landsbyer

Deleliste:

UV Vann Sterilizer System:

En (1) SYS-MD-1006 Wyckomar Vann UV System karakter på 30 GPM. Inkluderer: 2-trinns vann filtrations (5 Micron) sediment og kullfilter. High-Intensity UV lampe, med Quartz Sleeve, og UV Monitor Alarm. Filterhus, sikkerhetsventiler, med høy effektivitet Elektronisk ballast. Alle Ferdigmontert, Pre-testet, og montert til en rustfritt stål Monteringsplate for enkel montering.

Solar PV Array:

Åtte (8) Solar PV panel vurdert til 250 watt ved 24 VDC hver, 2000 Watt total array. Eksempel PV panel: REC Solar PV 250PE, Size hver: 65,5" x 39" x 1.5" En (1) Top-of-Montere maskinvare for åtte (8) 250 watts paneler Monteres på 6" Schedule # 40 pipe, augured inn bakken med sement fundament.

Batteri / Lade-Controller / Inverter:

En (1) Morningstar TS-MPPT-60, Charge-kontrolleren rangert for 24 VDC batterilading. Fire (4) Forseglet, vedlikeholdsfritt batteri MK 8G30H karakter på 12 VDC @ 97 Amp-timer hver. En (1) Bryst Stil Ground Montert Battery Box (kan plasseres inntil 50 meter fra PV). En (1) ExcelTech XP/24 125 watt Single-Phase AC Inverter for 24 VDC Merk: Fire 12 VDC batterier er kablet som to batteriunders Parallelt disse dels i serien for en 24 VDC system. Dette solar PV systemet er utviklet for å gi 24 timers kjøretid hver dag for UV Water sterilisator System produserer ca 43 200 liter per dag av drikkevannsproduksjon.

Kapittel Åtte: Quick Guide til UV Water Treatment System Eksempler fra Flow-Rate, og liter per dag

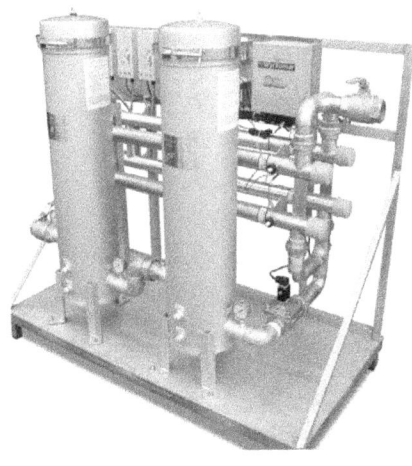

I hvert kapittel ovenfor er oppført forskjellige Solar PV drevet UV Vannbehandling systemer basert på om du pumpe fra en brønn, eller fra en Shallow kilde. Eksempler er definert av Flow priser, og Daily vann levering i liter per dag. Bla gjennom systemene under og matche dine prosjektspesifikasjoner, og behov, til systemet oppført som kommer nærmest dine vannbehov.

Eksempler på Solar PV drevet UV Water Treatment Systems av Flow rate i liter per minutt (GPM), og total daglig Gallon i liter per dag (GPD):

System A: 4 GPM, Leverer 240 GPD

System B: 4 GPD, Leverer 480 GPD

System C: 4 GPD, Leverer 960 GPD

System D: 4 GPD, Leverer 1920 GPD

System E: 4 GPD, Leverer 5760 GPD

System F: 8 GPD, Leverer 960 GPD

System G: 8 GPD, Leverer 1920 GPD

System H: 8 GPD, Leverer 3840 GPD

System I: 8 GPD, Leverer 11520 GPD

System J: 8 GPD, Leverer 2880 GPD

System K: 8 GPD, Leverer 5760 GPD

System L: 12 GPD, Leverer 8640 GPD

System M: 12 GPD, Leverer 17280 GPD

System N: 30 GPD, Leverer 7200 GPD

System O: 30 GPD, Leverer 14400 GPD

System P: 30 GPD, Leverer 21600 GPD

System Q: 30 GPD, Leverer 43200 GPD

Pass på å planlegge din solar PV drevet UV vannbehandling prosjektet i form av Site-Forberedelse, UV Water Treatment utstyr Installasjon, Solar Power Supply, og alle kabler, rør, og jording.

Bruk alltid forsiktig når du installerer elektriske apparater. Solar PV paneler produserer respekt spenninger og strømmer og alle sikkerhetsprosedyrer skal følges. Sørg for å lese din Installation Manual nøye, og følg instruksjonene til punkt og prikke.

Riktig installert og vedlikeholdt, solar PV drevet UV Water Treatment Systems tilbyr lang levetid, god produktivitet, og enkel installasjon og drift. For mer informasjon om UV vannbehandling, solar PV paneler, batterier, vekselrettere, lade-kontrollere, eller annen maskinvare vennligst besøk **Solardyne.com** på Worldwide Web.

Takk for lesing! Nyt din Solar Water Treatment prosjekt!